BEI GRIN MACHT SICH IHR
WISSEN BEZAHLT

- Wir veröffentlichen Ihre Hausarbeit,
  Bachelor- und Masterarbeit

- Ihr eigenes eBook und Buch -
  weltweit in allen wichtigen Shops

- Verdienen Sie an jedem Verkauf

Jetzt bei www.GRIN.com hochladen
und kostenlos publizieren

Rodrigo Garcia

Master-Exkursion "Pleistozän der Ostsee"

GRIN Verlag

Bibliografische Information der Deutschen Nationalbibliothek:

Die Deutsche Bibliothek verzeichnet diese Publikation in der Deutschen National-
bibliografie; detaillierte bibliografische Daten sind im Internet über http://dnb.d-
nb.de/ abrufbar.

Impressum:

Copyright © 2013 GRIN Verlag GmbH
Druck und Bindung: Books on Demand GmbH, Norderstedt Germany
ISBN: 978-3-656-95531-3

Dieses Buch bei GRIN:

http://www.grin.com/de/e-book/298827/master-exkursion-pleistozaen-der-ostsee

GRIN - Your knowledge has value

Der GRIN Verlag publiziert seit 1998 wissenschaftliche Arbeiten von Studenten, Hochschullehrern und anderen Akademikern als eBook und gedrucktes Buch. Die Verlagswebsite www.grin.com ist die ideale Plattform zur Veröffentlichung von Hausarbeiten, Abschlussarbeiten, wissenschaftlichen Aufsätzen, Dissertationen und Fachbüchern.

Besuchen Sie uns im Internet:

http://www.grin.com/

http://www.facebook.com/grincom

http://www.twitter.com/grin_com

Inhaltsverzeichnis

Einführung:

Während des Pleistozän kam es in weiten Teilen Europas zu Vergletscherungen. Die Abkühlung wird unter anderem durch natürliche Veränderungen der Präzision und Neigung der Erdrotationsachse und der Exzentrizität der Erdumlaufbahn verursacht. Diese wiederkehrenden Veränderungen werden unter dem Begriff Milanković-Zyklen zusammengefasst. Schnee, der im Sommer nicht schmilzt, akkumuliert sich im Winter mit neuem Schnee und bildet durch Kompaktion Eis. Da Eis Sonnenstrahlen besser reflektiert als Boden oder Gesteine, wird mehr Sonnenlicht in das All reflektiert, wodurch sich die Atmosphäre abkühlt. Dies nennt man Albedoeffekt.

So bildeten sich im letzten Glazialen Maximum vor ca. 21 Ka BP etwa 3000m mächtige Gletscher. Diese verhalten sich wie eine Flüssigkeit mit sehr hoher Viskosität und fließen der Schwerkraft folgend vom höchsten Punkt zum niedrigsten. Also in Europa von Skandinavien über Osteuropa bis nach Westdeutschland. Auf diesem Weg werden große Mengen Geröll und Sediment im, auf und vor dem Gletscher transportiert. Schmilzt der Gletscher schneller als er Nachschub bekommt, wird er inaktiv. Man geht von sechs bis 21 Glazialen Maxima aus. Die genaue Zahl ist unbekannt.

Tag 1:

Schmaler Luzin:

Erster Stopp dieses Tages ist eine Sammlung von Findlingen nahe Carwitz. Die Gesteine wurden in der Gegend gesammelt und hier zur Besichtigung abgeladen. Findlinge sind Gesteine die von einem Gletscher aufgenommen und oft über große Strecken transportiert werden. Das typischste Ursprungsgebiet von Findlingen in dieser Region ist Skandinavien. Auf Grund des großen Liefergebiets werden viele verschiedene Gesteinsarten abgelagert. Die meisten sind granitisch, oft pecmatitisch und haben ein Alter von 1,8 bis 2,0 ba. Auch Metamorphite sind häufig. Die Gneise haben ein Alter von ca. 1,6 ba. Einige weisen ptygmatische Falten auf. Während des Transports bekommen Findlinge die typische runde Form durch Verwitterung und Spaltflächen. Einige weisen Gletscherschrammen auf. Diese entstehen wenn Gesteine im Gletscher mit hoher Energie über den Boden geschoben werden. Es bilden sich Rillen, die in Bewegungsrichtung verlaufen. Anhand von Gletscherschrammen hat Tarel 1875 die Theorie aufgestellt, dass Findlinge durch Gletscherbewegungen während Eiszeiten transportiert und abgelagert wurden. Davor ging man davon aus, dass sie während der Sintflut abgelagert wurden.

Der See „schmaler Luzin" nördlich von Carwitz ist als Gletscherkanal entstanden. Er ist auffallend schmal und länglich. Die an einen Fluss erinnernde Form zeigt die Richtung, in der die Gletscher geschoben haben: von Nordosten nach Südwesten. Gletscherkanäle entstehen nur durch aktive Gletscher. Daher hat der Kanal des „schmalen Luzin" ein Alter von mindestens 21 ka, entstand also spätesten während des letzten glazialen Maximums. Das Relief des Sees ist sehr steil, wodurch die für die Vegetation wichtigen Flachwasserzonen fast völlig fehlen. Dadurch gerät wenig Organik in den See und sein Wasser ist besonders klar. Im Bodenwasser dieses Sees sind Fische heimisch, die sonst nur in der Arktis vorkommen. Sie überleben im 4° C kalten Wasser als Reliktfauna.

In der Umgebung des Sees verläuft die Endmoräne aus der Pommerschen Phase der Weichselkaltzeit. Der Zusammenstoß von zwei Loben von Gletschern aus dieser Zeit bilden den Feldberger Endmoränengebel, der mit 146 m NHN der höchste Punkt der Region ist. Endmoränen entstehen wenn sich Gletscherschmelze und – nachschub die Waage halten. Der Gletscher bewegt sich weiter und transportiert Sediment, während die Gletscherfront stabil bleibt. Dadurch werden große Mengen Sediment vor dem Gletscher abgelagert. Eisblöcke innerhalb der Ablagerungen ohne Kontakt zum Gletscher werden als Toteis bezeichnet. Wenn es schmilzt, bilden sich Vertiefungen, die oft als kleine Seen in den Endmoränen zu erkennen sind. Am Ufer des Sees ist eine Blockpackung zu erkennen. Sie entsteht, wenn Klasten durch einen Gletscherfluss nach Korngröße sortiert werden. Proximal kann der Fluss keine Steine transportieren. Dann folgen Kiese und Sande. Silte und Tone werden äiolisch transportiert und bis nach Düren als Löss abgelagert.

Tag 2:

Fischland-Darß-Zingst-Halbinsel

Die Fischland-Darß-Zingst-Halbinsel liegt in der Ostsee westlich von Rügen und bildet mit der Darß-Zingster Boddenkette den westlichen Teil der vorpommerschen Boddenausgleichsküste. Bei einer Radtour durch den Nationalpark der Insel, der zu den Nationalparks Vorpommersche Boddenlandschaft gehört, untersuchten wir die Besonderheiten dieser Küste.

Die Flora dieses Nationalparks ist an nährstoffarme Verhältnisse angepasst. Jeder Nährstoffeintrag von außen fördert die Verbreitung von allochtonen Arten, die an hohe Nährstoffgehalte angepasst sind und ist deshalb verboten.

An der Westküste der Halbinsel wird durch Long-shore-transport Sediment nach Norden transportiert. Diese Art von Sedimenttransport findet statt wenn die Wellen nicht senkrecht auf die Küste auftreffen. So wird bei jedem Auftreffen und Zurückfliesen der Welle Sediment in

Wellenrichtung bewegt. Dieser Prozess ist umso effektiver je spitzer der Winkel zwischen Strömungsrichtung und Küstenlinie ist. Long-shore-transport führt zu der für die deutsche Ostseeküste typische Bodenausgleichsküste mit der sehr irregulären Küstenlinie.

Solange Sedimenteintrag von der Luvseite und Abtragung an der Leeseite im Gleichgewicht sind, wird an diesem Küstenabschnitt nicht erodiert. An einigen Stellen gibt es jedoch Beweise für Erosion. Umgestürzte Bäume und offener Boden mit Schilfbewuchs zeigen, dass an diesen Küstenabschnitten erodiert wird. Dünne, dunkelrote bis schwarze Sedimentakkumulationen. Dies sind Seifenlagerstätten von Granat, Olivin und Hämatit.

Die Spitze der Halbinsel nördlich von Darß wächst jährlich um 5 m. Damit ist diese Landfläche die jüngste der Welt. Bei der Radtour von Süden nach Norden macht sich der Wachstum durch Strandwalldünen bemerkbar. Dies sind kleine Erhebungen mit wenigen Metern Abstand zueinander, die in Ost-Westrichtung verlaufen und die ehemalige Küstenlinie darstellen.

Vom Leuchtturm in Darß hat man einen Guten Überblick über weite Teile der Halbinsel und kann so die besondere Küsten- und Landform erkennen. Im dazugehörenden Natureum sind einige Fische und wirbellose Meerestiere in Aquarien ausgestellt, die in der Ostsee heimisch sind. Die Ostsee ist der größte Brackwasserkörper der Welt und hat von West nach Ost ein starkes Salinitätsgefälle. Im Westen liegt der Salzgehalt bei etwa 0,8%, im Osten hat das Wasser stellenweise Süßwasserqualität. Dadurch ist die Biodiversität stark begrenzt. Typisch für solche Milieus sind niedrige Artenzahl und hohe Individuenzahl je Art. Die holozäne Entwicklung der Ostsee lässt sich in vier Hauphasen unterteilen. Die erste Phase bildet der Baltische Eisstausee. Er entstandt durch das Verbinden vieler kleiner Eisstauseen. Der Ausfluss geschieht über Westen nahe der Gletscherfront. Der Seespiegel unterlag starken Schwankungen durch Abschmelzung und Isostasie. Um etwa 10 ka BP beginnt die nächste Phase. Durch massiven Ausfluss von kaltem Süßwasser wird der Golfstrom unterbrochen. Mit der Jüngeren Dryas beginnt ein deutlicher Kälterückfall. Es entsteht das Yoldiameer mit der Uferlinie auf Meeresniveau. Diese Phase wird durch das Auftreten der hocharktischen Muschel Portlandia arctica. Es herrschte ein brakisches Milieu. Durch die isostatische Hebung des Ostseebeckens wird die Tiefwasserverbindung in Schweden abgeschnürt und es bildet sich der Ancyclus See. Seit ca. 8000 Jahre beseht das Litorina Meer. Es entstand bei der Verbindung der Ostsee mit dem Weltmeer über den Großen und den Kleinen Belt. Das Litorina Stadium lässt sich noch weiter unterteilen, wobei das Mya Meer mit der heutigen Ostsee identisch ist.

Tag 3:

Rügen

Rügen ist die größte Insel Deutschlands. Das zuerst besichtigte Gebiet ist die Ostküste der Jasmundhalbinsel und gehört zum Nationalpark Jasmund. Hier liegen die berühmten Kreidefelsen von Rügen, unter anderem der 119 m hohe Kaiserstuhl. Durch die exponierte Lage unterliegen die Kreidefelsen einer starken Erosion. Da sie zum Nationalpark gehören, werden hier keine Küstenschutzmaßnahmen unternommen. Da diese Hänge jederzeit rutschen können, ist es gefährlich, darunter her zu wandern.

Die Kreidefelsen bestehen aus den Resten von Coccolithophoriden, die im warmen Flachwasser der Kreidezeit massenhaft auftraten. In den Kreidesedimenten sind Lagen von Feuerstein zu erkennen. Der genaue Prozess, der zum Entstehen von Feuerstein führt, ist noch nicht sicher verstanden. Man geht davon aus, dass kieselsäurehaltige Sklette in Lösung gehen und durch schwankende pH-Bedingungen rekristallisieren. Der Feuersteinlagen stellen das original bedding dar, müssen also ursprünglich horizontal abgelagert worden sein. Sie sind erst durch spätere Prozesse in Falten gekippt worden. Durch Verwitterung werden aus der Wand gelöst und reichern sich am Strand an. Bis auf wenige, meist granitische Ausnahmen besteht der gesamte Strand aus Feuersteinkies.

Eigentlich müssten die Kreideschichten tiefer liegen. Eine umstrittene Erklärung, dass sie hier an der Oberfläche aufgeschlossen sind, ist, dass sie hier durch Gletscherbewegungen an die Oberfläche gequetscht wurden. Sie haben ein Alter von etwa 90 Ma.

Über den hellen kreidezeitlichen Schichten liegen hellbraune, quartäre Sedimente. Dabei Handelt es sich um diamikten, schlecht sortierten Geschiebemergel, sogenannter Till. Es sind vier verschiedene Tilllagen bekannt, was auf vier Gletscher- und Schmelzzyklen schließen lässt. Die drei ältesten sind gekippt während die Jüngste nicht gekippt ist, also erst nach den Deformationsprozessen abgelagert wurde. Für Usedom sind nur zwei Tilllagen nachgewiesen, die sich nicht mit denen von Rügen korrelieren lassen.

Tertiäre Schichten fehlen völlig. Möglicherweise sind sie während der Alpenbildung erodiert worden. Der Wasserfall, der sich hier an den Kreidefelsen befindet, ist der höchste Wasserfall Norddeutschlands.

Sassnitzer Feuersteinfeld:

Hier sind Feuersteinkiese aufgeschlossen, die den Siedlern der Steinzeit ans Ausgangsmaterial für ihr Werkzeug dienten. Vereinzelt sind solche Relikte auch noch zu finden. Diese Sedimente bilden das einzigen „gravel barrier" an der Südküste der Ostsee und wurde nie überflutet. Man weiß nicht sicher wie sich diese Feuersteinkiese akkumuliert haben. Dies ist sowohl als Folge von Sturm als auch durch Gletschergeschiebe möglich. Die Kiesschicht ist drei bis vier m mächtig und liegt rund vier m über See. Unter dem Kies liegen etwa 4000 Jahre alte Torfe.

Tag 4:

Hiddensee:

Hiddensee ist eine schmale Insel östlich von Rügen. Sie hat eine Nordsüderstreckung von 18 km, ist stellenweise aber nur wenige hundert m breite. An der schmalen Mitte der Insel wird sie in einen nördlichen und einen südlichen Teil brechen. Da dieses Gebiet Nationalpark ist, können hier keine Schutzmaßnahmen ergriffen werden. Dies ist politisch sehr Umstritten.

Hiddensee wäre mit Rügen verbunden, wenn die Schifffahrtswege nicht freigehalten würden. Am Sandstrand der Westküste ist es möglich Bernstein zu finden. Bernstein hat in etwa die gleiche Dichte wie kalten Wasser und wird deshalb besonders häufig im Winter an die Küste gespült. Es lagert sich am oberen Rand der Brandungszone ab. Bernstein ist tertiäres Baumharz. Es kann Insekten und andere Tiere einschließen und deren Form erhalten. Diese Objekte sind besonders beliebt unter Sammlern.

Weite Teile der Insel haben nur eine geringe Erhebung über dem Meer. Daher ist Küstenschutz hier besonders wichtig. Dabei werden zwei verschiedene Ansätze angewendet um innere und äußere Küste vor Fluten zu schützen. Auf der Innenseite werden grasbewachsene Deiche aufgeschüttet. Sie habe zur See hin einen sehr flachen Winkel, wodurch sich die Energie des Wassers aufreibt und nicht erodiert wird. Die seeabgewandte Seite ist steiler um Platz zu sparen. Die Deiche auf der Innenseite haben nur eine geringe Erhebung.

An der Außenseite wird naturnaher Küstenschutz betrieben. Dabei wird so viel Sand aufgeschüttet, dass er nicht bei einem einzigen Flutevent erodiert werden kann. Eine weitere Küstenschutzmaßnahme bilden die Buhnen, die an der gesamten deutschen Küste verbreitet sind. Dies sind lange Holzpfähle, die orthogonal zur Küstenlinie in den Boden gerammt werden um den longshore-transport einzugrenzen.

Am nördlichen Ende der Insel wurden zu DDR-Zeiten Felsen aus Granodiorit per Helikopter abgeworfen. Sie verhindern die Erosion am Hügel hinter den Felsen. Allerdings wird direkt unter den Felsen und seitlich neben ihnen erodiert, da dort der Sedimenteintrag von der Küste fehlt.

Hinter dieser sogenannten Huckemauer gibt es einen Aufschluss, an dem unter anderem siltige Tone aus dem Ehm-Interglazial zu sehen sind. Diese Schichten stauen Wasser, das hier als Schichtquelle austritt. Dies stellt eine große Hangrutschgefahr dar. Man geht davon aus, dass ein großer Teil des Dornbuschhügels samt Leuchtturm in absehbarer Zeit durch eine Hangrutschung ins Meer stürzt.

Kernbohrungen in den flachen Teilen der Insel zeigen geringmächtige, terrestrische Sande. Darunter folgen nach einem Hiatus 10 bis 20 m mächtige marine Ablagerungen und darunter Till aus dem Pleistozän.

Tag 5:

Halbinsel Mönchgut:

Bei einem Halt an einem Aussichtspunkt nahe Gören hat man einen guten Blick auf die Halbinsel Mönchgut. Hier kann man schon von weitem einen groben Überblick über die Bodenbeschaffenheit der Halbinsel machen. Gebiete mit wenig Vegetation haben Sandböden. Hügel bestehen aus glazialem glazial-fluviatilen Sanden oder Till.

Blickt man Richtung Festland kann man am Horizont das Kernkraftwerk Lubnin erkennen. Es sollte zu Zeiten der DDR durch Arbeitsplätze Menschen in diese gering besiedelten Gebiete locken. Nach dem Mauerfall wurde es abgeschaltet, da es vom gleichen Typ wie das Kraftwerk von Tschernobyl ist. Kernbohrungen in diesem Gebiet zeigen Sande, gefolgt von Mudde und Torf. Ab etwa 20 m folgen verschiedene Tillsorten.

Greifswald:

Die Hansestadt Greifswald kapitulierte zu Ende des 2. Weltkriegs und wurde nicht zerstört. So ist zum Beispiel der Dom St. Nikolai erhalten geblieben, von dessen Aussichtspunkt auf 60 m Höhe man eine tolle Aussicht weit über die Stadt Greifswald hat. Durch Greifswald fliest der Fluss Ryck. Er hat von der Quelle bis zur Mündung einen Höhenunterschied von nur 10 cm. Dadurch ist seine Fließgeschwindigkeit sehr gering. Bei heftigen Regenfällen in der Nähe der Mündung kann die Fließrichtung wechseln. Flüsse dieser Art zeigen ein unausgereiftes Entwässerungssystem an.

Im Institut für Geographie und Geologie der Ernst-Moritz-Arndt-Universität Greifswald zeigte uns Prof. Meschede die Vorpommersche Landessammlung. Sie beinhaltet Gesteine aus allen Erdzeiten (seit 2 Ba B.P.).

Nordostdeutschland liegt im Permischen oder Zentraleuropäischen Becken an der nördlichen Grenze der Tornquist-Thetia-Tektoniklinie. Die Subsidenz seit dem Paläozoikum in diesem Gebiet führte zur Ablagerung von 10 km mächtigen, zum Teil organikreichen Sedimenten. Alle Erdzeitalter sind erhalten. Durch die Subsidenz liegen sie allerdings sehr tief. Diese Faktoren machen das Gebiet zur potentiellen Erdöllagerstätte. So wird bei Grimmen Erdöl aus permischen Riffstrukturen gefördert.

Auf der Suche nach Öl zu Zeiten der DDR wurden so viele Bohrungen abgeteuft, dass diese Gegend die höchste Bohrkerndichte auf 8 Km tiefe besitzt. Auf Basis dieser Daten versucht eine kanadische Firma Öl zu fördern.

Tag 6:

Aufschluss bei Wiek:

Der Aufschluss liegt an einer Klippe nahe Wiek auf der Glitzhalbinsel auf Usedom. Die Halbinsel ist umgeben vom Bodden „Achterwasser". Usedom liegt in der südwestlichen Ostsee und ist die zweitgrößte Insel in der Ostsee.

Der Aufschluss beginnt im Liegenden braunem, tonigem Silt. Darüber folgt eine 5 cm mächtige Lage grauer toniger Silt. Darüber folgt eine 12 cm mächtige tonige Siltlage, die horizontal laminiert ist. Ein Fining-upward-Zyklus ist erkennbar. Der Sand an der Oberfläche der Schicht ist allerdings nicht horizontal. Die Gefügedaten der Schichte sind 012/16.

Darüber folgt eine Schicht mit 2,96 m Mächtigkeit. Es handelt sich um beigen Feinsand mit rötlichen Schlieren. Die rötlichen Schlieren zeigen unterschiedliche Strukturen. Neben Diapierähnlichen Formen sind Flammen-, Spannungs- und Ball& Pillowstrukturen zu erkennen. Auch Staffelbrüche sind sichtbar. Es sind keine Fossilien zu erkennen.

Es gibt mehrere Prozesse, die zu diesen Strukturen führen können. Dazu gehören Kryoturbation unter Permafrostbedingungen, Bodenverflüssigung, Dichteinversion und glazialtektonische Prozesse. Ein Erdbeben braucht mindestens eine Magnitude von 6 um solche Strukturen hervorzurufen. Darüber liegt eine polymikte Kiesschicht mit 25 cm Mächtigkeit. Im Hangenden folgt ein unsortierter sandiger Kies. Er ist bräunlich und diamikt.

In der Nähe des Aufschlusses liegt ein Relikttal. Es hat sich unter periglazialer Umwelt gebildet und würde sich so nicht unter aktuellem Klima bilden. Die linke Seite des Tals ist steiler als die rechte, da die Sonneneinstrahlung auf dieser Seite fehlt.

Gedenkstätte Damerow:

An der schmalsten Stelle Usedoms ist die Insel nur 300 m breit. Hier erinnert eine Gedenkstätte an die Sturmfluten von 1872 und 1874 bei denen die Siedlung Damerow zerstört wurde. Die Sturmflut von 1872 dient als Bemessungshochwasser für den Küstenschutz. Es ist die höchste gemessene Sturmflut auf Usedom. Davor gab es bereits höhere, die allerdings nicht gemessen sondern rekonstruiert wurden und so nicht als Bemessungshochwasser anerkannt werden. Zum Schutz besitzt Usedom ein komplexes System aus Deichen. Hinter dem Strand ist eine Düne aufgeschüttet, der so viel Sand umfasst, dass sie nicht bei einem Event erodiert werden kann. Dahinter folgt eine Reihe von Bäumen, die im Fall, dass der Deich weggespült sein sollte, das Wasser abbremsen sollen. Dahinter folgt ein weiterer Deich, der so gebaut ist, dass er im Normalfall nicht erodiert wird.

Der Strand und Deich muss regelmäßig durch Strandaufspülung mit Sand versorgt werden um die Verluste durch Erosion auszugleichen.

Aussichtspunkt:

Der Aussichtspunkt liegt auf dem zweithöchsten Hügel der Insel. Dieser Punkt der Küste ist am meisten den Wellen exponiert. Dadurch liegt die Erosionsrate auf 300 Jahre gemittelt bei 90 cm/a. Allerdings geschieht die Erosion nicht als kontinuierlicher Prozess sondern als durch einzelne Events. Um die Erosion zu vermindern hat man Felsen als Wellenbrecher vor die Küste verbracht. Diese führen zu Sandakkumulation da sie den longshore-transport unterbinden.

Sechsseenaussicht:

Von diesem Aussichtsturm im Endmoränengebiet der „Usedomer Schweiz" kann man sechs verschiedene Seen sehen. Den Krebssee, Gothen- und Schmollensee, das Achterwasser, die Ostsee und den Kachliner See. Der Schmollensee ist etwas Besonderes, da er unter den limnischen Sedimenten marine Sedimente mit einem Alter von 7000 – 1300 a B.P. hat.

Aussichtspunkt Grenze zu Polen:

Dieser steile Hang war ein aktives Kliff bis unten Sedimente abgelagert wurden. Dies geschah vermutlich vor etwa 1300 Jahren. Dieses Alter ist allerdings umstritten.

In der Ferne kann man Swinemünde erkennen. Hierbei handelt es sich um ein Rückstromdelta (backwash-delta). Diese Deltaform ist sehr selten und entsteht, wenn ein Fluss kein Gefälle besitzt. Er führt dann keine Sedimentfracht und kann kein Delta an der Mündung bilden. Es bildet sich ein Delta in der rückwärtigen Lagune durch longshore-transport.

Gesteinsgarten Pudagla:

Der Gesteinsarten im Forsthaus Pudagla besitzt die wahrscheinlich bedeutendste Gesteinssammlung Norddeutschlands. Hier sind Findlinge ausgestellt, die auf der gesamten Insel gefunden wurden. Sie sind nach der Entfernung ihres Ursprungsorts zum Ablagerungsort aufgestellt. Der erste wurde von Bornholm durch Gletscher hierhin transportiert. Insgesamt umfasst die Sammlung 142 Findlinge. Allerdings können nur 15% ihrem Ursprungsgebiet zugeordnet werden.

Quellen:

Reinhard Lampe, Sebastian Lorenz; Eiszeitlandschaften in Mecklenburg-Vorpommern; DEUQUA Exkursionen, 2010, abgerufen auf: geozon.info am: 15.10.13

Vorlesungsunterlagen Geschichte des Quartär, Martin Melles, Universität zu Köln, 2011